Vergleich zweier Variablen im PISA-Datensatz 2015. Ist die Anzahl der Lehrkräfte in Vollzeit und derer in Teilzeit im Durchschnitt gleich?

Bibliografische Information der Deutschen Nationalbibliothek:

Die Deutsche Nationalbibliothek verzeichnet diese Publikation in der Deutschen Nationalbibliografie; detaillierte bibliografische Daten sind im Internet über http://dnb.d-nb.de abrufbar.

ISBN: 9783346885425
Dieses Buch ist auch als E-Book erhältlich.

Druck und Bindung: Books on Demand GmbH, Norderstedt Germany
Gedruckt auf säurefreiem Papier aus verantwortungsvollen Quellen

Das vorliegende Werk wurde sorgfältig erarbeitet. Dennoch übernehmen Autoren und Verlag für die Richtigkeit von Angaben, Hinweisen, Links und Ratschlägen sowie eventuelle Druckfehler keine Haftung.

Das Buch bei GRIN: https://www.grin.com/document/1353324

Fallstudie

Studiengang: Soziale Arbeit

PISA-Datensatz 2015 – Vergleich von zwei Variablen

Abgabedatum: 28.02.2022

Inhaltsverzeichnis

Abbildungsverzeichnis

Einleitung

Mithilfe dieser Fallstudie werden die Mittelwerte der Variablen „Teachers in TOTAL: Full-time" (SC018Q01TA01) und „Teachers in TOTAL: Part-time" (SC018Q01TA02) verglichen. Zudem wird geprüft, ob ein signifikanter Unterschied in den Varianzen vorliegt.

Demzufolge wird anhand dieser Fallstudie untersucht, ob durchschnittlich eine signifikante Abweichung zwischen der Anzahl der Lehrkräfte, welche in Vollzeit arbeiten und der Lehrkräfte, die in Teilzeit arbeiten, besteht.

Im Hinblick auf diese Thematik ergibt sich folgende Forschungsfrage: Ist die Anzahl der Lehrkräfte in Vollzeit und der Lehrkräfte in Teilzeit an den befragten Schulen im Durchschnitt gleich oder unterscheidet sie sich signifikant?

2. Theoretische Fundierung

In den nachfolgenden Unterkapiteln werden zunächst kurz die PISA-Studien allgemein und die PISA-Studie 2015 vorgestellt, welche den Datensatz für die Analyse zur Verfügung stellt. Zudem werden anschließend die wesentlichen Methoden der deskriptiven Statistik und der Inferenzstatistik dargestellt.

2.1 Pisa-Studie 2015

PISA ist die Abkürzung für „Programme for International Student Assessment" (Reiss et al., 2016, S.13). Die PISA-Studien sind internationale Schulleistungsuntersuchungen und werden seit 2000 alle drei Jahre durch die OECD („Organisation for Economic Cooperation and Development") durchgeführt (Reiss et al., 2016, S.13). Die Zielgruppe besteht aus fünfzehnjährigen Schülern und Schülerinnen, welche weltweit „ein umfassendes Erhebungsprogramm aus Tests und Fragebögen" bearbeiten (Reiss et al., 2016, S.13). Sie werden in verschiedenen Domänen getestet, aktuell in Lesen, Mathematik und Naturwissenschaften (Reiss et al., 2016, S.11). Die PISA-Studien liefern vor allem Informationen darüber, „welche Arbeit in Schule und Unterricht fachlich und pädagogisch geleistet wird und worin ihre Ergebnisse bestehen" (Reiss et al., 2016, S.11). Sie bieten einen internationalen Vergleich von Leistungsdefiziten der OECD-Staaten und Partner-Staaten (Reiss et al., 2016, S.11). Hierbei wird durch die stetige dreijährige Wiederholung der Messung der Fähigkeiten und Kompetenzen „eine Analyse der Veränderungen der Leistungsfähigkeit von Bildungssystemen ermöglicht" (Reiss et al., 2016, S.11). Die PISA-Studien sind dementsprechend sowohl für die Praxis als auch für die Bildungspolitik sehr bedeutsam (Reiss et al., 2016, S.11).

Innerhalb dieser Fallstudie werden die Daten der PISA-Studie 2015 genutzt. Mit der PISA-Studie 2015 wurde der zweite PISA-Zyklus (2009, 2012, 2015) vollendet, da neben den Domänen „Mathematik" und „Lesefähigkeit" nun auch die dritte Domäne „Naturwissenschaften" zum zweiten

1

Mal inhaltlicher Schwerpunkt wurde (Reiss et al., 2016, S.21). Des Weiteren ist aufzuführen, dass in der PISA-Studie 2015 erstmals die gesamte Datenerhebung anhand von Computern stattfand (Reiss et al., 2016, S.11). An der Stelle ist zu erwähnen, dass „der neue Testmodus „Computer" auf die Kompetenzwerte der Schülerinnen und Schüler in Deutschland einen Einfluss gehabt haben könnte und die Aufgaben letztendlich etwas schwieriger waren als auf Papier" (Reiss et al., 2016, S.12). Dadurch wird der Vergleich der Werte mit den alten PISA-Studien erschwert (Reiss et al., 2016, S.12). Eine weitere Neuerung ist, dass die klassische Rasch-Skalierung durch die differenzierte-Skalierung ausgetauscht wurde (Reiss et al., 2016, S.12). Aus diesem Grund wird ermöglicht, „dass neben der Aufgabenschwierigkeit und der Fähigkeit der Jugendlichen auch explizit die Trennschärfe von Testaufgaben berücksichtigt [wird] und damit das Potential, tatsächlich zwischen besserer und schlechterer Leitung zu unterscheiden" (Reiss et al., 2016, S.13).

An der PISA-Studie 2015 beteiligten sich 72 Saaten (35 OECD-Staaten und 37 OECD-Partnerstaaten) (Reiss et al., 2016, S.21). Im Zeitraum der Erhebung vom 01.03.2015 bis zum 30.06.2015 wurden weltweit circa 530.000 fünfzehnjährige Schüler und Schülerinnen befragt (Reiss et al., 2016, S.21). In Deutschland nahmen 6504 fünfzehnjährige Schüler und Schülerinnen aus „allen Formen allgemeinbildender Schulen der Sekundarstufe I sowie … beruflichen und … Förderschulen (insgesamt 253 Schulen…)" an der PISA-Studie 2015 teil (Reiss et al., 2016, S.29). Zudem „nahmen 3407 Elternteile bzw. Erziehungsberechtigte, 205 Schulleiter sowie 5600 (auch fachfremd unterrichtende und teilzeitbeschäftigte) Naturwissenschaftslehrerinnen und -lehrer an der Beantwortung der Fragebögen teil" (Mang et al., 2019, S.13). Insgesamt wurden vier verschiedene Fragenbögen angewandt, diese setzten sich zusammen aus Schüler-, Eltern-, Schulleiter- und Lehrerfragebogen (Mang et al., 2019, S.13).

2.2 Methoden der deskriptiven Statistik

Die deskriptive (beschreibende) Statistik umfasst „alle Verfahren, mit denen sich durch die Beschreibung von Daten einer Grundgesamtheit (engl.: population) Informationen gewinnen lassen" (Cleff, 2011, S.4). Unter diesen Methoden fällt beispielsweise „die Erstellung von Grafiken, Tabellen und die Berechnung von deskriptiven Kennzahlen bzw. Parametern" (Cleff, 2011, S.4).

Die Analyse wird unterschieden in univariate Analyse (Untersuchung einer Variablen), in bivariate Analyse (Untersuchung des Zusammenhangs zweier Variablen) und multivariate Analyse (Untersuchung des Zusammenhangs von mehr als zwei Variablen) (Cleff, 2011, S.31). Grafische Darstellungen oder Häufigkeitstabellen liefern einen ersten Überblick „über eine univariate Verteilung von normal- oder ordinalskalierten Variablen" (Cleff, 2011, S.32). Für die deskriptive Statistik sind vor allem bestimmte Maße wie zum Beispiel Lage-, Streuungs- oder Formmaße wesentlich (Kastner, 2021, S. 14). Unter Lagemaßen zählen beispielsweise der Mittelwert, der Median und die Quantile. Der arithmetische Mittelwert beziehungsweise der Durchschnitt einer

Gesamtheit wird erreicht, indem „die Gesamtsumme aller Werte gleichmäßig auf alle Elemente verteilt bzw. umgelegt" werden (Zwerenz, 2011, S.99). Die Formel in Abbildung eins zeigt, wie der Mittelwert berechnet werden kann.

Abb. 1 Formel Mittelwert

$$\bar{x} = \frac{1}{n} \sum_{i=1}^{n} x_i = \frac{x_1 + x_2 + x_3 + \ldots x_n}{n}$$

Quelle: Cleff, 2011, S.41

Der Median gibt den Zentralwert einer Verteilung an (Zwerenz, 2011, S.94). Dieser Wert liegt genau in der Mitte einer Verteilung und halbiert diese somit (Zwerenz, 2011, S.94). Bei der Berechnung muss beachtet werden, ob eine ungerade oder gerade Anzahl von Elementen vorliegt (Zwerenz, 2011, S.94). Es wird zwischen folgenden Formeln unterschieden:

Abb. 2 Formel Median

$$\tilde{x} = \begin{cases} x\frac{n+1}{2} & n \text{ ungerade} \\ \frac{1}{2}\left(x\frac{n}{2} + x\frac{n}{2} + 1\right) & n \text{ gerade} \end{cases}$$

Quelle: Zwerenz, 2011, S.94

Die Quantile oder auch Perzentile sind ebenfalls ein wichtiges Lagemaß. Das p-Prozent-Quantil liefert den Wert, „bei dem mindestens p Prozent der Beobachtungen kleinere oder gleiche und mindestens (1-p) Prozent der Beobachtungen größere oder gleiche Werte annehmen" (Cleff, 2011, S.53). Allerdings werden in der Praxis häufig die Quartile verwendet, welchen „zusammen mit dem Median den Datensatz in vier gleichgroße Teile aufteilen" (Cleff, 2011, S.53). Die Quartile bilden sich aus dem unteren (25%), dem mittleren (50%) und dem oberen (75%) Quartil (Cleff, 2011, S.53).

Neben den Lagemaßen sind die Streuungsmaße, wie zum Beispiel die Varianz, die Standardabweichung und die Quantilsabstände, wichtig für die deskriptive Statistik. Die Varianz gibt den „Mittelwert der quadrierten Differenzen zwischen arithmetischen Mittel und den einzelnen Werten einer Verteilung" an (Zwerenz, 2011, S.120).

Abb. 3 Formel Varianz

$$s^2 = \frac{1}{n-1} \sum_{i=1}^{n} (x_i - \bar{x})^2$$

Quelle: Zwerenz, 2011, S.120

Die Standardabweichung ist die durchschnittliche Abweichung zum Mittelwert (Cleff, 2011, S.59-60). Sie ergibt sich aus der Wurzel der Varianz dementsprechend wie folgt (Zwerenz, 2011, S.121).

Abb. 4 Formel Standardabweichung

$$s = \sqrt[+]{s^2}$$

Quelle: Zwerenz, 2011, S.121

Der Quantilsabstand liefert die Differenz zwischen zwei Quantilen, wie beispielsweise zwischen dem 75%- und 25%-Quartil (Cleff, 2011, S.53).

Zu den Formmaßen zählt die Schiefe, welche ein Maß ist, „dass die Art und Stärke der Asymmetrie einer Häufigkeitsverteilung beschreibt" (Kastner, 2021, S. 44). Die Schiefe gibt an, „wie stark die Verteilung nach rechts (positive Schiefe) oder nach links (negative Schiefe) geneigt ist" (Kastner, 2021, S. 44). Des Weiteren gehört die Standardisierung von Messwerten den Formmaßen an. Sie wird auch z-Transformation bezeichnet (Kastner, 2021, S. 43). Der Mittelwert der z-Variablen ergibt immer null (Kastner, 2021, S. 43).

Die Kurtosis gehört zu den zentralen Momenten einer Verteilung. Sie liefert Erkenntnis darüber, wie spitz eine Kurve verläuft (Cleff, 2011, S.62). Dabei wird unterschieden zwischen „positiver, spitz zulaufender (leptokurtische Verteilung) und negativer, flacher (platykurtische Verteilung) Kurtosis" (Cleff, 2011, S.62).

2.3 Methoden der Inferenzstatistik

Innerhalb der Inferenzstatistik werden aus Daten, welche aus den Stichproben gezogen werden, Erkenntnisse für weitere Daten abgeleitet (Kastner, 2021, S. 166). Aus diesem Grund wird die Inferenzstatistik auch als induktive oder schließende Statistik bezeichnet (Kastner, 2021, S. 166). Die Ausgangspunkte für die in der Inferenzstatistik angewandten Schätz- sowie Testverfahren schaffen die Verteilungsannahmen und Wahrscheinlichkeitsrechnung (Kastner, 2021, S. 166). Auf der einen Seite können innerhalb der Inferenzstatistik Parameter für Stichproben wie Lage- und Streuungsmaße berechnet werden (Zwerenz, 2011, S.347). Auf der anderen Seite „ermöglicht sie Aussagen über Sicherheit und Verlässlichkeit der Stichprobenergebnisse" (Zwerenz, 2011, S.347).

Innerhalb der Inferenzstatistik werden Hypothesen formuliert, welche durch verschiedene Testverfahren überprüft werden können. Hierbei werden „zuerst Eigenschaften einer Population postuliert (Theorie), die dann durch stichprobenartig erhobene Daten (Empirie) bestätigt werden können" (Kastner, 2021, S. 178). Bei der Durchführung des Hypothesentests werden zwei Hypothesen formuliert, welche sich gegenseitig ausschließen (Kastner, 2021, S. 178). Diese beiden Hypothesen setzen sich zusammen aus der Null- und der Alternativhypothese. Die Alternativhypothese H1 umfasst einen Effekt wie zum Beispiel, „dass es einen bestimmten Unterschied in der Population gibt oder eine neue Theorie im Widerspruch zu den bisherigen

4

Erkenntnissen steht" (Kastner, 2021, S. 178). Wo hingegen die Nullhypothese H0 besagt, „dass der in der Alternativhypothese postulierte Unterschied oder Zusammenhang nicht vorhanden ist" (Kastner, 2021, S. 178). Um nun Aussage darüber treffen zu können, ob die Alternativ- oder Nullhypothese angenommen wird, bedient sich die Inferenzstatistik an Hypothesentests (Kastner, 2021, S. 179). Dabei werden die drei nachfolgenden Fälle von Hypothesentests unterschieden. Der zweiseitige Test ist dadurch charakterisiert, „dass der kritische Bereich auf beiden Rändern der Prüffunktion gleichmäßig verteilt ist" (Kastner, 2021, S. 179). Dabei gilt für H1 „$\mu \neq \mu0$, wobei $\mu0$ ein vorgegebener Wert für $\mu > 0$ ist" (Kastner, 2021, S. 179). Beim linksseitigen Test liegt der kritische Bereich links vom Annahmebereich. Demnach „ist H1 mit $\mu < \mu0$ definiert" (Kastner, 2021, S. 179). Der letzte Fall ist der rechtsseitige Test, bei dem der kritische Bereich „am rechten Ende der Prüffunktion [liegt] und für H1 gilt $\mu > \mu0$" (Kastner, 2021, S. 180). Bei der Durchführung von Hypothesentests können Fehler begangen werden, „da bei einem Hypothesentest aufgrund des Ergebnisses eines Zufallsversuchs entschieden wird" (Kastner, 2021, S. 180). Diese Fehler werden als Fehler erster Art und als Fehler zweiter Art unterschieden. Beim Fehler erster Art wird „eine richtige Nullhypothese … zu Gunsten der Alternativhypothese abgelehnt" (Kastner, 2021, S. 180). Beim Fehler zweiter Art hingegen wird „eine falsche Nullhypothese beibehalten" (Kastner, 2021, S. 180). Für den Ablauf eines Hypothesentests empfiehlt es sich dem nachfolgenden Schema zu folgen:

1. Festlegung der Grundgesamtheit G mit N Elementen, 2. Formulierung von Nullhypothese H0 und Alternativhypothese H1, 3. Festlegung der Signifikanzniveaus α, 3. Bestimmung der Teststatistik T und des Ablehnungsbereichs Kα, 4. Berechnung des Wertes der Teststatistik aus den Daten der Stichprobe, 5. Entscheidung über die Annahme oder Ablehnung der Nullhypothese H0. (Kastner, 2021, S. 182)

Auf der Grundlage von verschiedenen Annahmen existieren auch unterschiedliche Testverfahren (Kastner, 2021, S. 182). Einerseits die parametrischen Testverfahren und andererseits die nichtparametrischen Testverfahren. Bei den parametrischen Testverfahren erfolgen die Tests über „unbekannte Parameter wie Anteilswert, Erwartungswert oder Varianz" (Kastner, 2021, S. 182). Ein parametrischer Test kann beispielsweise ein t-Test für unabhängige Stichproben, ein t-Test für abhängige Stichproben, eine Varianzenanalyse, eine Varianzenanalyse mit Messwiederholungen oder eine Pearson-Korrelation sein. Die Auswahl des Tests ist abhängig davon, welche Situation untersucht werden soll.

Nachfolgend wird der t-Test genauer erläutert. Anhand des t-Test können Hypothesentests auf Grundlage von t-verteilten Datensätzen durchgeführt werden. Der t-Test kann „die Mittelwerte zweier Gruppen miteinander vergleichen und über den *t*-Wert prüfen, wie wahrscheinlich eine gefundene Mittelwertsdifferenz unter der Annahme der Nullhypothese ist" (Rasch et. all., 2021, S.3-4). Die t-

Verteilung wird dann genutzt, wenn die Standardabweichung der Grundgesamtheit unbekannt ist (Monka et. all., 2008, S. 274). An dieser Stelle sind zudem die Freiheitsgrade zu benennen, welche die Anzahl der Werte angibt, die in einer Berechnungsformel frei variieren können (Monka et. all., 2008, S. 274). Der wichtigste Wert, welcher bei diesem Testverfahren betrachtet werden muss, ist der p-Wert oder auch Signifikanzwert. Der p-Wert wird mit den Ergebnissen der Stichproben verglichen, um so den Ablehnungsbereich zu bestimmen (Kastner, 2021, S. 182). Der p-Wert „gibt die Wahrscheinlichkeit an, dass bei einer Zufallsstichprobe ein beobachtetes oder noch extremeres Ergebnis auftritt, unter der Annahme, dass die Nullhypothese wahr ist" (Kastner, 2021, S. 182). Umso kleiner der p-Wert ist, umso stärker ist die Wahrscheinlichkeit, dass die Nullhypothese verworfen wird. Die Nullhypothese wird dann abgelehnt, „wenn der p-Wert kleiner oder gleich dem zuvor festgelegten Signifikanzniveau α ist" (Kastner, 2021, S. 182). Folglich werden zwei t-Tests kurz dargestellt. Der t-Test bei unabhängigen Stichproben vergleicht die Mittelwerte von zwei unabhängigen Stichproben (Kastner, 2021, S. 184). Der t-Test bei gepaarten Stichproben hingegen vergleicht die Mittelwerte von zwei abhängigen Stichproben (Kastner, 2021, S. 185).

Neben den parametrischen Tests existieren die nichtparametrischen Testverfahren. Bei diesen Testverfahren ist „die Modellstruktur nicht a priori festgelegt, sondern [wird] aus den Daten bestimmt" (Kastner, 2021, S. 187). Die Art und Anzahl der Parameter ist dementsprechend flexibel und wird nicht zu Beginn festgelegt (Kastner, 2021, S. 187). Beispiele für einen nichtparametrischen Test sind der Mann-Whitney U-Test, der Wilcoxon-Vorzeichen-Rang-Test, der Kolmogorow-Smirnow-Test oder der Kruskal-Wallis-Test.

3. Methodik

Zur Beantwortung der Forschungsfrage wird ein Hypothesentest angewandt. Hierbei handelt es sich um einen Zweistichproben-t-Test für abhängige beziehungsweise gepaarte Stichproben, da die Variablen „Teachers in TOTAL: Full-time" und „Teachers in TOTAL: Part-time" abhängig voneinander sind. Dies lässt sich damit begründen, dass es sich um verschiedene Schulen handelt und die Wertepaare pro Schule definiert werden. Pro Schule existiert einmal die Variable Lehrer in Vollzeit und einmal die Variable Lehrer in Teilzeit. Diese beiden bilden ein Wertepaar.

Für den Hypothesentest ergeben sich die nachfolgenden zwei Hypothesen. Entweder wird die Nullhypothese bewiesen, dementsprechend ist die Anzahl der Vollzeit- und Teillehrkräfte an den befragten Schulen durchschnittlich gleich, demnach ist $H0: \mu = \mu0$. Oder es bestätigt sich die Alternativhypothese, welche besagt, dass sich die Anzahl der Vollzeit- und Teilzeitlehrkräfte an den befragten Schulen durchschnittlich signifikant unterscheidet, demgemäß ist $H1: \mu \neq \mu0$.

4. Analyse und Forschungsergebnisse

Nachfolgend werden vorerst die Variablen beschreiben. Anschließend wird geprüft, ob die Voraussetzungen für einen t-Test bei gepaarten Stichproben gegeben sind. Danach wird unter „Analyse" die analytische Verfahrensweise dargestellt, welche zu den im vierten Unterkapitel aufgezeigten Ergebnissen führt. Die Ergebnisse werden dort dargestellt und interpretiert.

4.1 Variablendeskription

Für den weiteren Verlauf werden im Folgendem die Variablen „Teachers in TOTAL: Full-time" und „Teachers in TOTAL: Part-time" anhand des Skalenbuches betrachtet.

Eine weitere Neuerung der PISA-Studie 2015 war, dass zusätzlich auch eine Untersuchung von Lehrern und Lehrerinnen herangezogen werden konnte (Reiss et. al., 2016, S.387). Deutschland war einer von 18 Staaten, welcher an dieser ergänzenden Lehrerbefragung teilnahm (Reiss et. al., 2016, S.387). Auch die Schuleiter und Schuleiterinnen wurden innerhalb des Schulterfragebogens zu dem aktuellen Lehrerbestand ihrer Schule befragt. Zur besseren Veranschaulichung wird nachfolgend der für diese Untersuchung wesentliche Ausschnitt des Skalenbuches dargestellt.

Abb. 5 Schulleiterfragebogen

Variable	Text
	Wie viele der unten aufgeführten Lehrkräfte gibt es an Ihrer Schule?
	Bitte berücksichtigen Sie in Bezug auf die Qualifikation der Lehrkräfte nur deren höchsten Abschluss. (Bitte tragen Sie für jede Antwort eine Zahl ein. Tragen Sie 0 [Null] ein, wenn keine solche Lehrkraft vorhanden ist.)
	Bitte beziehen Sie Vollzeit- und Teilzeitlehrkräfte ein. Als Vollzeitlehrkraft gilt, wer zumindest 90% seiner Lehrverpflichtung in einem vollen Schuljahr an Ihrer Schule erfüllt. Alle übrigen Lehrkräfte sind als Teilzeitlehrkräfte zu zählen.
SC018Q01TA01	Vollzeit – GESAMTZAHL der Lehrkräfte
SC018Q01TA02	Teilzeit – GESAMTZAHL der Lehrkräfte
SC018Q02TA01	Vollzeit – Lehrkräfte, die ein Lehramt/eine Lehrbefähigung haben
SC018Q02TA02	Teilzeit – Lehrkräfte, die ein Lehramt/eine Lehrbefähigung haben
SC018Q05NA01	Vollzeit – Lehrkräfte, welche die Fachhochschule, pädagogische Hochschule oder Universität mit einem Bachelor oder einem gleichwertigen Abschluss abgeschlossen haben
SC018Q05NA02	Teilzeit – Lehrkräfte, welche die Fachhochschule, pädagogische Hochschule oder Universität mit einem Bachelor oder einem gleichwertigen Abschluss abgeschlossen haben
SC018Q06NA01	Vollzeit – Lehrkräfte, welche die Fachhochschule, pädagogische Hochschule oder Universität mit einem Master oder 1. Staatsexamen abgeschlossen haben Lehrkräfte, welche das 2. Staatsexamen abgeschlossen haben
SC018Q06NA02	Teilzeit – Lehrkräfte, welche die Fachhochschule, pädagogische Hochschule oder Universität mit einem Master oder 1. Staatsexamen abgeschlossen haben Lehrkräfte, welche das 2. Staatsexamen abgeschlossen haben
SC018Q07NA01	Vollzeit – Lehrkräfte, welche die Universität mit einer Promotion oder Habilitation abgeschlossen haben
SC018Q07NA02	Teilzeit – Lehrkräfte, welche die Universität mit einer Promotion oder Habilitation abgeschlossen haben

Quelle: Mang et al., 2019, S.267

Anhand dieses Ausschnittes des Skalenbuches kann entnommen werden, dass die Schulleiter und Schuleiterinnen folgende Frage gefragt wurden sind: „Wie viele der unten aufgeführten Lehrkräfte gibt es an Ihrer Schule?". Für diese Fallstudie sind die Variablen „SC018Q01TA01" „SC018Q01TA02" zu betrachten. Dementsprechend sollten die Schulleiter und Schuleiterinnen die Anzahl der an ihrer Schule vertretenden Vollzeit- und Teilzeitlehrkräfte angeben. Hierbei galt als Vollzeitlehrkraft, „wer mindestens 90% seiner Lehrverpflichtung in einem vollen Schuljahr an der jeweiligen Schule erfüllt" (Mang et al., 2019, S.267). Alle, die unter 90% ihrer Lehrverpflichtung erfüllten, wurden als Teilzeitlehrkräfte gewertet (Mang et al., 2019, S.267).

4.2 Prüfung der Voraussetzungen für einen t-Test

Für einen Zweistichproben-t-Test für gepaarte Stichproben bedarf es der Erfüllung bestimmter Voraussetzungen. Vor allem die Annahmen der Normalverteilung und das nicht Vorhandensein von Ausreißern sind entscheidend. Mithilfe des PSPP Programms wird nun geprüft, ob die Variablen „Teachers in TOTAL: Full-time" und „Teachers in TOTAL: Part-time" Ausreißer aufweisen und normalverteilt sind. Um die Variablen auf Ausreißer zu überprüfen, wurden die Werte z-standardisiert und als zwei neue Variablen gespeichert. Vorerst wurde „Analysieren", „deskriptive Statistik" und nochmals „deskriptive Statistik" ausgewählt. Danach konnten die Test-Variablen eingesetzt werden und unter „Optionen" ein Haken bei „Z-Werte der gewählten Variablen als neue Variablen speichern" gesetzt werden (siehe Abb.6)

Abb. 6 z-Variablen speichern

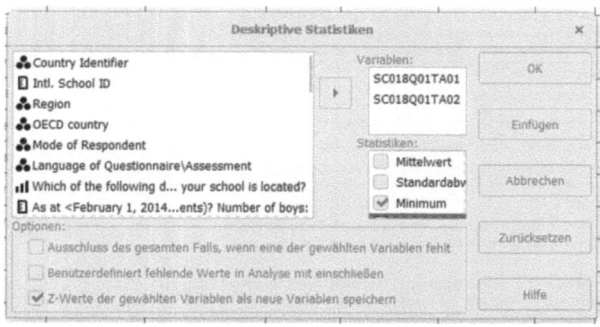

Quelle: Eigendarstellung anhand von PSPP

Um nun den Interquartilsabstand zu berechnen, wurden die Perzentile der z-Werte ausgewertet. Hierfür wurde „Analysieren", „deskriptive Statistik" und „Explorative Datenanalyse" verfolgt und es konnten die z-Variablen eingefügt werden (Abb.7). Zudem wurde unter Statistiken ein Haken unter „Perzentile" gesetzt (Abb. 7).

Abb. 7 Perzentile auswerten

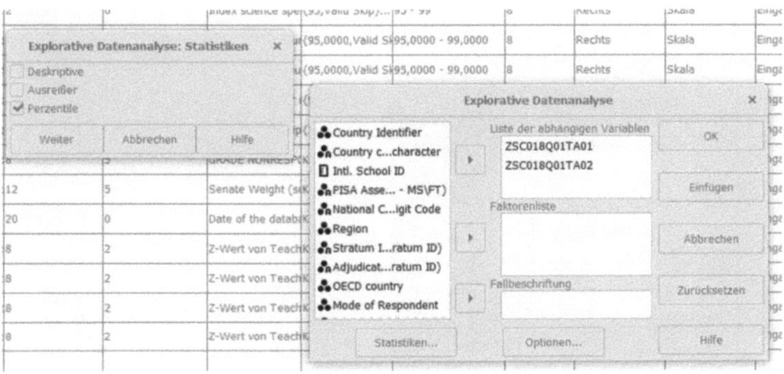

Quelle: Eigendarstellung anhand von PSPP

Das Programm ermittelte folgende Perzentile, wie in Abbildung 8 dargestellt.

Abb. 8 Perzentile

Perzentile

		Perzentile						
		5	10	25	50	75	90	95
Z-Wert von Teachers in TOTAL: Full-time	Gewichteter Durchschnitt	-,98	-,90	-,63	-,23	,32	,99	1,63
	Tukeys Hinges			-,63	-,23	,32		
Z-Wert von Teachers in TOTAL: Part-time	Gewichteter Durchschnitt	-,53	-,53	-,45	-,28	,05	,63	1,34
	Tukeys Hinges			-,45	-,28	,05		

Quelle: Eigendarstellung anhand von PSPP

Aus den Perzentilen lassen sich die Quartile ableiten. Unter 25 lässt sich das 1 Quartil bestimmen, demnach ergibt sich für die z-Variable „Teachers in TOTAL: Full-time" ein Wert von -0,63 und für die z-Variable „Teachers in TOTAL: Part-time" -0,45. Der Median der Variablen wird unter 50 angegeben, dieser wird nun aber nicht weiter beleuchtet. Das 3 Quartil lässt sich unter 75 able ten: für die z-Variable „Teachers in TOTAL: Full-time" 0,32 und für die z-Variable „Teachers in TOTAL: Part-time" 0,05. Mithilfe von Quartil 1 und Quartil 3, kann nun der Interquartilsabstand erm ttelt werden. Der Interquartilsabstand für die z-Variable „Teachers in TOTAL: Full-time" beträgt 0,95 und für die z-Variable „Teachers in TOTAL: Part-time" 0,5. Anhand dieser ermittelten Werte, können nun die Grenzwerte berechnet werden. Hierfür wird folgende Formel verwendet: (1,5 x IQA) + Q3 (Weber, 2020, S.63). Für die z-Variable „Teachers in TOTAL: Full-time" ergibt sich (1,5 x 0,95) + 0,32 = 1,745. Für die z-Variable „Teachers in TOTAL: Part-time" zeigt sich (1,5 x 0,5) + 0,05 = 0,8. Alle Werte, die bei der z-Variable „Teachers in TOTAL: Full-time" größer als 1,745 sind und alle

Werte die bei der z-Variable „Teachers in TOTAL: Part-time" größer als 0,8 sind, erweisen sich als Ausreißer.

Abb. 9 Extremwerte

Extremwerte

			Fallnummer	Wert
Z-Wert von Teachers in TOTAL: Full-time	Höchster	1	14755	28,27
		2	17877	13,72
		3	16666	12,61
		4	16780	10,40
		5	16803	9,91
	Niedrigster	1	1493	-1,12
		2	1717	-1,12
		3	1726	-1,12
		4	1732	-1,12
		5	1743	-1,12
Z-Wert von Teachers in TOTAL: Part-time	Höchster	1	17889	24,54
		2	16522	20,22
		3	14302	20,22
		4	17857	17,94
		5	17900	15,53
	Niedrigster	1	5	-,53
		2	9	-,53
		3	14	-,53
		4	24	-,53
		5	25	-,53

Quelle: Eigendarstellung anhand von PSPP

Mittels der Extremwerte zeigen sich für beide z-Variablen bei den Höchstwerten Ausreißer. Es lässt sich ableiten, dass für die z-Variable „Teachers in TOTAL: Full-time" und für die z-Variable „Teachers in TOTAL: Part-time" jeweils mindesten 5 Ausreißer vorhanden sind (Abb. 9).

Nachfolgend wird untersucht, ob eine Normalverteilung der Test-Variablen vorliegt. Vorerst wurden die Variablen wieder wie obig beschrieben z-Standardisiert. Anschließend wurde die Schiefe, der Standardfehler der Schiefen, die Kurtosis und der Standardfehler der Kurtosis der beiden z-Variablen mit Hilfe des PSPP-Programms ausgewertet (siehe Abb. 10).

Abb. 10 Schiefe und Kurtosis

Deskriptive Statistiken

	N	Standardfehler des Mittelwertes	Kurtosis	S.E. Kurt	Schiefe	Std.-Fehler Schiefe
Z-Wert von Teachers in TOTAL: Full-time	15764	,01	56,64	,04	4,24	,02
Z-Wert von Teachers in TOTAL: Part-time	14037	,01	100,20	,04	7,59	,02
Gültige N (listenweise)	17908					
Fehlende N (listenweise)	4059					

Quelle: Eigendarstellung anhand von PSPP

Nun wird für beide z-Variablen jeweils die Schiefe und die Kurtosis durch den jeweiligen Standardfehler geteilt. Für die z-Variable „Teachers in TOTAL: Full-time" ergibt sich: z-Kurtosis= 56,64:0,04= 1416, z-Schiefe= 4,24:0,02= 212. Für die z-Variable „Teachers in TOTAL: Part-time" ergibt sich: z-Kurtosis= 100,20: 0,04= 2505, z-Schiefe= 7,59:0,02 = 379,5. Im folgenden Schritt werden die eben genannten Ergebnisse mit der vorgeschriebenen Grenze von +/- 2,58 verglichen. Dieser Grenzwert ergibt sich, da n > 200 ist. Da bei der z-Variablen „Teachers in TOTAL: Ful -time" die z-Kurtosis bei 1416 liegt und die z-Schiefe bei 212, überschreiten beide Werte den Grenzwert. Dementsprechend geben beide Werte an, dass die Variable „Teachers in TOTAL: Full-time" nicht normalverteil ist. Auch die z-Kurtosis mit einem Wert von 100,20 und die Schiefe mit 379,5 der z-Variablen „Teachers in TOTAL: Part-time" zeigen, dass der Grenzwert überschritten wird. Daraus kann abgeleitet werden, dass bei beiden Test-Variablen eine signifikante Schiefe und Kurtosis vorliegt und die Variablen dementsprechend nicht normalverteilt sind.

Da die Variablen „Teachers in TOTAL: Full-time" und „Teachers in TOTAL: Part-time" Ausreißer aufzeigen und nicht normalverteilt sind, sind die Voraussetzungen für einen gepaarten t-Test nicht gegeben. Allerdings handelt es sich bei der PISA-Studie um einen Datensatz, bei dem n>30 ist, weshalb ein t-Test für gepaarte Stichproben trotz der nicht vorhandenen Normalverteilung durchgeführt werden kann (Stone, 2010, S.1563). Wie mit den Ausreißern umgegangen werden sollte, wird in den Handlungsempfehlungen niedergelegt.

4.3 Analyse

Für die Analyse wurde mit dem Programm „PSPP" gearbeitet. PSPP ist ein Programm zur statistischen Analyse von Stichprobendaten (AMC College, 2014, S. 4). Es wurde 1995 als kostenloses Statistikprogramm als Alternative zum proprietären Statistikprogramm „SPSS" entwickelt (AMC College, 2014, S. 4). Mit dem PSPP Programm können statistische Daten beispielsweise durch deskriptive Statistik, t-Tests, lineare Regression, nichtparametrische Tests usw. analysiert werden (AMC College, 2014, S. 4).

Um einen Zweistichproben-t-Test bei gepaarten Stichproben durchzuführen und somit die Mittelwerte der Variablen „Teachers in TOTAL: Full-time" (SC018Q01TA01) und „Teachers in TOTAL: Part-time" (SC018Q01TA02)" miteinander zu vergleichen, wurde zu Beginn das Programm PSPP geöffnet. Es beinhaltete, bereits den Datensatz der Schulen, welche an der PISA-Studie 2015 teilgenommen haben. Um nun die Mittelwerte der beiden ausgewählten Stichproben zu vergleichen, wurde zuerst das Tool „Analysieren" ausgewählt (Abb.11). Daraufhin öffnete sich eine Toolbar, bei der „Mittelwerte vergleichen" selektiert wurde (Abb.11), um den Befehl „t-Test bei gepaarten Stichproben" (Abb. 11) ausführen zu können.

Abb. 11 Analytische Vorgehensweise

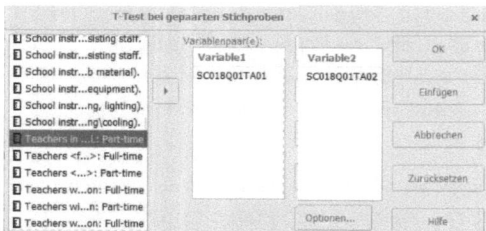

*[DataSet1] — PSPPIRE Dat

| Analysieren | Diagramme | Extras | Fenster | Hilfe |

Deskriptive Statistiken ▸
Mittelwerte vergleichen ▸   Mittelwerte...
Univariate Analyse...   T-Test bei einer Stichprobe...
Bivariate Korrelationen...   T-Test bei unabhängigen Stichproben...
k-Means Clusteranalyse...   T-Test bei gepaarten Stichproben...
Faktorenanalyse...   Einfaktorielle ANOVA...
Reliabilitätsanalyse...
Regression ▸
Nichtparametrische Tests ▸
ROC-Kurve...

Quelle: Eigendarstellung anhand von PSPP

Im nachfolgenden Schritt wurden die Variablen „Teachers in TOTAL: Full-time" (SC018Q01TA01) und „Teachers in TOTAL: Part-time" (SC018Q01TA02) eingesetzt und der Befehl „OK" gegeben (Abb.12).

Abb. 12 t-Test bei gepaarten Stichproben

T-Test bei gepaarten Stichproben   ✕

School instr...sisting staff.	Variablenpaar(e):		OK
School instr...sisting staff.	Variable1	Variable2	
School instr...b material).	SC018Q01TA01	SC018Q01TA02	
School instr...equipment).			Einfügen
School instr...ng, lighting).			
School instr...ng\cooling).			Abbrechen
Teachers in ...: Part-time			
Teachers <f...>: Full-time			Zurücksetzen
Teachers <...>: Part-time			
Teachers w...on: Full-time			
Teachers wi...n: Part-time		Optionen...	Hilfe
Teachers w...on: Full-time			

Quelle: Eigendarstellung anhand von PSPP

12

Neben dem t-Test wurde zudem die deskriptive Statistik untersucht, um die fehlenden Werte, das Minimum und das Maximum genauer zu betrachten. Auch an dieser Stelle wurde wieder das PSPP-Programm genutzt. Zuerst wurde „Analysieren" ausgewählt, dann „Deskriptive Statistik" und „Häufigkeiten" (Abb. 13). Anschließend wurden die beiden Test-Variablen eingefügt (Abb.13).

Abb. 13 Deskriptive Statistik

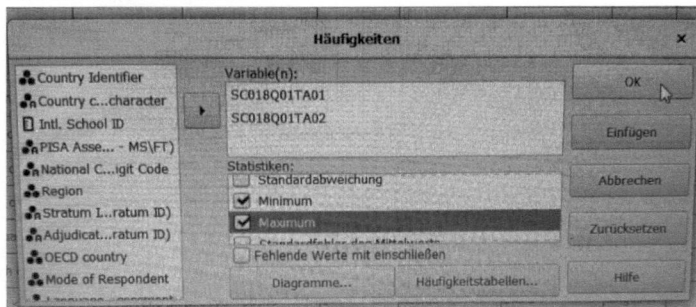

Quelle: Eigendarstellung anhand von PSPP

Abschließend wurden die Ergebnisse beider Untersuchungen angezeigt, welche im nächsten Unterkapitel beschrieben und interpretiert werden.

4.4 Forschungsergebnisse

Abb. 14 Ergebnisse des t-Tests bei gepaarten Stichproben

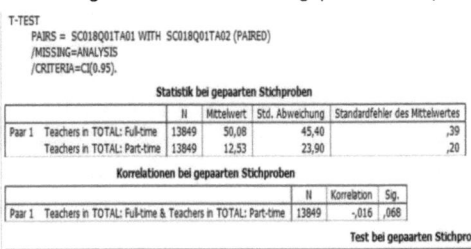

Quelle: Eigendarstellung anhand von PSPP

Mithilfe der obigen Abbildung 14 werden die Ergebnisse nacheinander herangezogen und interpretiert. In der Abbildung sind drei Tabellen dargestellt. Die erste Tabelle zeigt die deskriptive Statistik mit den einzelnen Ergebnissen für die Variablen „Teachers in TOTAL: Full-time" und „Teachers in TOTAL: Part-time". Unter N sind 13849 Probanden aufgeführt. Der Mittelwert liegt bei den Lehrkräften in Vollzeit bei 50,08 und bei den Lehrkräften in Teilzeit bei 12,53. Es wird erkenntlich, dass der Mittelwert bei den Lehrkräften in Teilzeit geringer ausfällt. Wenn nun der Prozentsatz berechnet wird (12,53:50,08x100), ergibt sich ungefähr 25,02 %, demnach ca. ¼. Daraus lässt sich ableiten, dass im Durchschnitt ca. viermal mehr Vollzeitlehrkräfte an den befragten Schulen tätig sind. Die erste Tabelle wird nun nicht weiter betrachtet, da die übrigen Werte nicht entscheidend für die Forschungsfrage sind. Die zweite Tabelle liefert die Ergebnisse für die Korrelation bei gepaarten Stichproben, allerdings wird diese ebenfalls auf Grund der soeben aufgeführten Ursache, nicht weiter analysiert.

Die dritte und letzte Tabelle ist wesentlich, sie zeigt die Ergebnisse des Tests bei gepaarten Stichproben und somit liefert sie auch die Antwort auf die Forschungsfrage. Der Mittelwert führt die Differenz beider Mittelwerte auf, dementsprechend einen Wert von 37,55. Diese Differenz ergibt sich, wenn der Mittelwert der Variable „Teachers in TOTAL: Full-time" (50,08) minus den Mittelwert der Variable „Teachers in TOTAL: Part-time" (12,53) genommen wird. Die Standardabweichung beider Variablen beträgt 51,64. Der Standardfehler hat einen Wert von,44. Das Konfidenzintervall beträgt 95 %, die Untergrenze beläuft sich auf 36,69 und die Obergrenze auf 38,41. Der t-Wert ergibt sich aus der Division des Mittelwertes durch den Standardfehler. Je weiter t von 0 entfernt ist, umso stärker ist die Wahrscheinlichkeit, dass die Nullhypothese verworfen wird. Der t-Wert hat in diesem Fall einen Wert von 85,57 und ist dementsprechend stark von 0 entfernt. Aus diesem Grund liegt die Annahme nah, dass die Nullhypothese verworfen wird. DF gibt die Freiheitsgrade an, im vorliegenden Fall dürfen 13848 in einer Berechnungsformel frei variieren. Nun wird der wichtigste Wert für diese Untersuchung genauer betrachtet. Dieser ist der Signifikanzwert. Er beträgt 0,000 und ist so klein, dass PSPP den vollständigen Wert nicht anzeigt, genauer gesagt die restlichen Zahlen abtrennt. Da der Wert kleiner als 5% beziehungsweise kleiner als 0,05 ist, wird die Nullhypothese verworfen und die Alternativhypothese wird angenommen. Im Sachzusammenhang bedeutet dies, dass die Mittelwerte beider Variablen („Teachers in TOTAL: Full-time" und „Teachers in TOTAL: Part-time") nicht gleich sind und die Anzahl der Teilzeit- und Vollzeitlehrkräfte an den Schulen im Durchschnitt unterschiedlich ist.

Im weiteren Verlauf werden die Ergebnisse der deskriptiven Statistik aus Abb. 15 genauer untersucht.

Abb. 15 Ergebnisse der deskriptiven Statistik

```
FREQUENCIES
    /VARIABLES= SC018Q01TA01 SC018Q01TA02
    /FORMAT=AVALUE TABLE
    /STATISTICS=MINIMUM MAXIMUM.
```

Statistiken

		Teachers in TOTAL: Full-time	Teachers in TOTAL: Part-time
N	Gültig	15764	14037
	Fehlende Werte	2144	3871
Minimum		0	0
Maximum		1327	604

Quelle: Eigendarstellung anhand von PSPP

In der oben aufgeführten Abbildung wird die Anzahl der gültigen und fehlenden Werte für die jeweiligen Variablen aufgezeigt. Wobei sich die fehlenden Werte beispielsweise aus ungültigen Werten oder fehlenden Antworten zusammensetzen. Die Variable „Teachers in TOTAL: Full-time" weist 15764 gültige und 2144 fehlende Werte auf. Und die Variable „Teachers in TOTAL: Part-time" verfügt über 14037 gültige und 3871 fehlende Werte. Um die fehlenden Werte besser zu veranschaulichen, wurden die Prozentsätze berechnet. An dieser Stelle ist zu erwähnen, dass insgesamt 17908 Schulen befragt worden sind. Diese Summe setzt sich jeweils aus der Addition der gültigen und fehlenden Werte zusammen. Für die Prozentsätze wurden folgende Berechnungsformeln angewendet: 2144:17908 x 100≈ 11,97% und

3871:17908 x 100 ≈ 21,62%. Somit ergab sich bei der Variable Lehrkräfte in Vollzeit eine Fehlerquote von 11,97% und bei der Variable Lehrkräfte in Teilzeit 21,62%.

Interessant zu beobachten waren zudem die Streuungsparameter Minimum und Maximum. Die höchste Anzahl der Lehrkräfte in Vollzeit an den befragten Schulen beträgt 1327. Die höchste Anzahl der Lehrkräfte in Teilzeit an den befragten Schulen beläuft sich auf 604. Bei beiden Variablen ergibt sich ein Minimum von 0. Daraus lässt sich ableiten, dass an einigen Schulen keine Vollzeit- oder Teilzeitlehrkräften vertreten sind.

5. Schlussfolgerungen und Handlungsempfehlungen

Anhand der Analyse und der daraus resultierenden Ergebnisse kann die Forschungsfrage: „Ist die Anzahl der Lehrkräfte in Vollzeit und der Lehrkräfte in Teilzeit an den befragten Schulen im Durchschnitt gleich oder unterscheidet sie sich signifikant?" beantwortet werden. Da sich bei dem Zweistichproben-t-Test für gepaarte Stichproben ein Signifikanzwert von 0,000 ergab und dieser Wert signifikant ist, sind die Variablen „Teachers in TOTAL: Full-time" und „Teachers in TOTAL:

Part-time" signifikant unterschiedlich. Dementsprechend kann die Nullhypothese verworfen und stattdessen die Alternativhypothese angenommen werden: Die Anzahl der Vollzeit- und Teilzeitlehrkräfte an den befragten Schulen ist durchschnittlich unterschiedlich.

Durch die Ermittlung der fehlenden Werte mithilfe der deskriptiven Statistik kann entnommen werden, dass bei den Variablen Lehrer in Vollzeit und vor allem bei Lehrern in Teilzeit einige wichtige Daten fehlen. Aus diesem Kontext lässt sich folgende Handlungsempfehlung ableiten. Um die fehlenden Werte zu kompensieren, sollte eine detailliertere Analyse der Variablen „Teachers in TOTAL: Full-time" und „Teachers in TOTAL: Part-time" vorgenommen werden. Allgemein können die fehlenden Werte definiert werden, indem verschiedene Zahlenwerte als Indikatoren verwendet werden wie beispielsweise in Abbildung 16.

Abb. 16 Zahlenwerte als Indikatoren

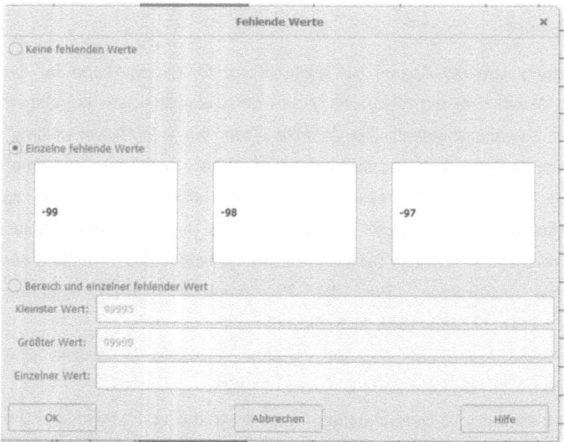

Quelle: Eigendarstellung anhand von PSPP

-99 könnte angeben, dass das Feld nicht ausgefüllt wurden ist, -98 dass ein Feld mit ungültigen Werten auftritt und -97, dass das Feld nicht zutrifft. Wenn nun die fehlenden Werte definiert sind, kann mithilfe von PSPP eine Häufigkeitstabelle gezeichnet werden, in der die Anzahl der jeweiligen fehlenden Werte angezeigt wird. So können bessere Schlussfolgerungen gezogen werden.

Wie oben dargestellt liegen die Voraussetzungen für einen t-Test bei gepaarten Stichproben nicht vor. Die Variablen sind nicht normalverteilt und weisen Ausreißer auf. Da die Stichprobe n>30 ist, kann trotzdem ein t-Test durchgeführt werden. Nun werden die Ausreißer betrachtet. Eine Möglichkeit wäre die Ausreißer aus dem Datensatz zu streichen, da ein großer Datensatz vorhanden ist. Dies könnte jedoch die Ergebnisse verfälschen. Es gibt noch weitere Möglichkeiten um mit Ausreißern umzugehen. Allerdings empfiehlt es sich an dieser Stelle einen nichtparametrischen Test durchzuführen, da neben der nicht vorhandenen Normalverteilung zudem einige Ausreißer vorhanden sind.

6. Fazit

Innerhalb der Fallstudie wurde die PISA-Studie 2015 genutzt, welche einen großen Datensatz lieferte. Zudem wurden einige Methoden der deskriptiven Statistik wie beispielsweise der Mittelwert, die Varianz und die Quantile genutzt. Des Weiteren wurden Methoden der Inferenzstatistik wie zum Beispiel ein Hypothesentest angewandt. Um die oben aufgeführte Fragestellung zu beantworten, wurde ein t-Test für gepaarte Stichproben gewählt, da die Variablen „Teacher in TOTAL: Full-time" und „Teachers in TOTAL: Part-time" abhängig voneinander sind. Mithilfe der Analyse durch das PSPP-Programm konnte der Signifikanzwert berechnet werden. Da der Wert unter 5% lag, konnte die Nullhypothese verworfen und die Alternativhypothese angenommen werden. Dementsprechend weisen die Variablen „Teachers in TOTAL: Full-time" und „Teachers in TOTAL: Part-time" einen signifikanten Unterschied auf. Somit ist die Anzahl der Vollzeit- und Teilzeitlehrkräfte an den befragten Schulen signifikant unterschiedlich.

Aus der Fallstudie kann die nachfolgende Handlungsempfehlung abgeleitet werden. Es sollte eine detailliertere Analyse der Variablen „Teachers in TOTAL: Full-time" und „Teachers in TOTAL: Part-time" vorgenommen werden. Zusätzlich sollten die fehlenden Werte durch Zahlenwerte als Indikatoren definiert werden. Außerdem sollte auf Grund der nicht gegeben Voraussetzungen für einen gepaarten t-Test, ein nichtparametrischer Test angewendet werden.

Literaturverzeichnis

AMC College (2014). *PSPP for Statistical Analysis*. Advanced Business Systems Consultants.

Cleff, T. (2011) *Deskriptive Statistik und moderne Datenanalyse. Eine computergestützte Einführung mit Excel, PASW (SPSS) und STATA* (2. Auflage). Gabler Verlag:

Kastner, M. (2021). *Statistik* (2.Auflage). NWB Verlag GmbH & Co. KG.

Mang, J., Ustjanzew, N., Leßke, I., Schiepe-Tiska, A. & Reiss, K. (2019). *PISA 2015 Skalenhandbuch Dokumentation der Erhebungsinstrumente*. https://www.waxmann.com/index.php?eID=download&buchnr=4032

Rasch, B., Friese, M., Hofmann, W. & Naumann, E. (2021). *Quantitative Methoden 2 Einführung in die Statistik für Psychologie, Sozial- & Erziehungswissenschaften* (5. Auflage). https://link-springer-com.pxz.iubh.de:8443/content/pdf/10.1007%2F978-3-662-63284-0.pdf

Reiss, K., Sälzer, C., Schiepe-Tiska, A., Klieme, E. & Köller, O. (2016). *PISA 2015. Eine Studie zwischen Kontinuität und Innovation*. https://www.pedocs.de/volltexte/2017/14020/pdf/PISA_2015_eine_Studie_zwischen_Kontin uitaet_und_Innovation.pdf

Stone, E. R. (2010). T-Test Paired Samples. In N. J. Salkind (Hrsg.), *Encyclopedia of research design* (S. 1560-1565). SAGE.

Weber, F. (2020). *Künstliche Intelligenz für Business Analytics: Algorithmen, Plattformen und Anwendungsszenarien*. Springer Vieweg.

Zwerenz, K. (2011). *Statistik. Eiführung in die computergestützte Datenanalyse* (5.Auflage). Oldenburg Wissenschaftsverlag GmbH.